最珍惜的時光

黃阿瑪的後宮生活
Fumeancats

#08

EVERY MOMENT

BETWEEN US.

把握每個稍縱即逝的當下。

狸貓的序

前幾年台灣疫情大爆發，當時我也確診了肺炎，這個突如其來的意外，短暫改變了我的日常。我必須離開後宮七天，待在自己的小房間裡隔離，已經好久沒有像這樣，無法長時間陪在阿瑪身旁了。

小房間裡的床頭放著一個相框，裡面是阿瑪以前的照片，也許是突然被關在這房間，導致我腦袋有點錯亂，又或許是照片的角度問題，我忽然覺得這張照片，好像是掛在牆壁上的那種紀念性照片，而我正處在多年後，身旁沒有任何貓咪的未來……但回神細想：「不對！我現在的時空裡，阿瑪還活著啊！只是我現在被隔離，沒辦法看到他而已，隔離完之後，還是可以回到後宮見到阿瑪的啊！」這樣一想，突然就覺得能與阿瑪他們平淡相處的日常，都是非常珍貴的。

因為跟貓咪們的相處，太過平靜安穩，好像每天都只是日復一日的過著，但實際上，他們正以比我們更快的速度老去，沒有意外的話，他們會比我們先離開這個世界，所以現在能時常摸到阿瑪、幫阿瑪擦屁股、看見他和誰吵架、又把便便抹在哪個奇怪的地方等等……這些平淡的日常都是非常珍貴的時光，用珍惜的心情，享受與他們相處的每分每秒，因此誕生了這次的書名《黃阿瑪的後宮生活：最珍惜的時光》，希望大家都能珍惜身邊的一切，珍惜當下。

志銘的序

原先這本書應該是要在去年（2022年）出版的，但因為去年台灣疫情嚴重，導致我們自己的許多行程都發生了出乎意料的變更及修改，也因此導致原本的出版計畫發生了延宕。

在今年（2023）年初，決定好今年的出版時程時後，我的失憶病症整個大爆發，去年原本就已經寫好了超過三分之二的本書內容，但因為去年書寫的記憶完全消失在我的腦海裡，導致我竟然按照原本就設定好的標題，又整個重寫了一遍內容，直到截稿前大約兩個月，我才意識到這件誇張的事，便趕緊將兩個年度的書寫版本重新整合，才變成了此刻大家所看到的這個版本。

雖然說我覺得這件事荒唐到很羞恥，但在整合的過程中，我意外發現了一件事，那就是同樣的標題底下，去年的我和今年的我，所寫出來的內容，竟然有許多不同之處，這不是因為我自己的書寫能力有所改變，而是因為我觀察到的貓咪生活，在短短一年間竟已產生了變化，這更提醒了我，貓咪的生活真的是時時刻刻在改變的。

隨著時光的飛逝，他們不會永遠一樣，許多記憶只能靠拍照錄影，甚至書寫才能留下，我真的很慶幸，我們能夠持續做這件事，也很感謝閱讀這本書的每一個人，願意陪我們一起參與，他們的每一段美好的時光。

CONTENTS

01 貓咪的饅頭手

哼哼……

善於表達的說話之手

阿瑪 2007/01.07 出生，男孩

阿瑪很擅長靠手來使喚人，只要一伸出手，狸貓就知道他想吃零食了；只要一敲門，就知道他想出門或進門了；甚至有時他只要一出手，也能表達出想擦屁屁的指令！你一定想說，這些舉動其他貓難道不會嗎？當然，有些舉動其他貓咪也會做，但阿瑪最厲害的就是，別的貓那些看起來沒什麼意義的動作，套在他身上，就什麼意思都有了！他就是有辦法讓你知道，他想要什麼？「快給朕拿來！」這就是他最常用手說的話！

虛張聲勢的威嚇之手

招弟 | 2011/06.01 出生，女孩

招弟有點像是那種，在一部電影裡面，不是真正最大咖的主角，但卻又能從一些小細節看出她的心理狀態的重要角色，這種角色很中立，不是最善良的，也稱不上大反派！但她就是個很懂得維護自身權益的貓，人不犯我我不犯人，只要你侵犯她的領域，她絕對會挺身相抗！但其實她內心沒有那麼壞，只是有點腹黑，所以偶爾可能會揮拳意圖喝止來意不明的侵入者（Socles），不過通常都不會伸出爪子，只是嚇嚇妳而已啦！

不要想來亂弄我喔。

不要小看我只有一隻手。

唯一且萬能的不敗之手

| 三腳 | 2007/08.04 出生，女孩

如果上帝奪取了你的一隻手，那僅存的另一隻手一定會令你更加珍惜，三腳就是如此。少了一隻手的她，面對自己身上的缺陷，除了接受之外，更要讓自己看起來更與他貓無異，於是練就出無貓能敵的不敗之手！不論是吃飯時撐住地板、抓癢、洗臉、撒嬌，甚至是抵禦外侮時所需的奮力一擊，更需要她具有爆發力的揮拳速度，這些能力可是只有吃過足夠苦頭的三腳才能真正頓悟發揮，畢竟，這可是她唯一的武器啊！

讓跑步變得更快的飛奔之手

Socles 2010/04.20 出生，女孩

黑貓的身體裡好像都流著一種名叫速度的基因，由裡而外散發而出的，正是那股比風還要快速的奔騰血液，搭配上強勁的骨骼以及穠纖合度的肌肉爆發力，就算是如同 Socles 這樣看似瘦小的貓咪，也掩蓋不了她天生原廠標配的傲人速度！只要她一開始起步，就別妄想要逼她停下，想要她留下，就必須先讓自己成為她奔馳前往的那個最後目的地吧！

跑得快是為了保護自己！

不要亂摸我的手喔。

讓自己更可愛的萌萌之手

嚕嚕 2007/07.14 出生，男孩

很多人都說嚕嚕長得很凶，看起來一直很怒的感覺，仔細一看，嚕嚕的臉的確有一種惡狠狠的感覺，但其實相處之後就會發現，他像很多人類一樣，天生臭臉，只要不笑就會被以為在生氣，但只要往下再看到他的手，就會發現他內心還有一塊最柔軟的園地，就像這雙軟綿綿的蓬蓬手，老是放鬆靠在離你最近的位置，是那樣毫無防備的全然信任，正因為是你，他更不需要勉強自己，偽裝自己本來就不擅長的那種笑臉，但記得，他的手可是不能亂摸的喔。

能用力玩弄娃娃的神力之手

柚子 2013/09.20 出生，男孩

柚子的玩娃娃技巧，可說是大家有目共睹的技能，除了需要有明確的對象之外，還要能夠膽大心細，不顧旁貓眼光，想做就做的意志，才能完成這項貓界大事！玩娃娃除了需要靠嘴巴叼著的力量之外，手部的運用也是十分重要的。行進間的移動，雖然乍看之下不需要用手，但如果手部不夠有力，就無法走得威風凜凜；至於到達定點的踩踏，更是需要強而有力的雙手，搭配邊踩邊嚎叫，才能達到最能震懾住旁貓的威力！

我最愛騎娃娃！玩娃娃！

芝麻開門！

能自由開門的靈活之手

浣腸 2015/04.12 出生，男孩

貓咪的手除了有力之外，還要夠靈活，才有辦法使出開門之術，這點在後宮眾貓之中，也只有浣腸能夠辦到。所謂開門之術，需要先善於觀察，透過默默的暗地觀察，並且妥善運用邏輯思考的能力，才有辦法理出一套開門的步驟；第二步則需要善用模仿的能力，想像自己已經是個人類，現在就是有事要進出這道門，如此有共感才能完成眾貓所不能之事；最後，才是靠長久累積的健身與靈活的練習，才能在千鈞一髮的緊要關頭，使用完美的力道與角度，使出成功的開門之術。身為一隻貓咪，只要能辦到此事，都應該要教人類佩服，畢竟未來的世界，很有可能是要讓這樣的貓咪來統治的！

穩定自己心情的踏踏之手

小花 | 2019/11.01 出生，女孩

有一種貓咪，擁有一雙美麗、色彩繽紛的可愛手手，她們平常不太需要做激烈的粗活，也不擅長與人打架，更不需要靠自己開門；但她們天生容易緊張、神經質，一旦遇到危險，或是緊張的時刻，她們就會靠踏踏來撫平自己不安的靈魂！一遍遍規律的踏踏著，就彷彿能和著自己的心跳聲，踏著踏著，原本混亂的脈搏，就能漸漸平息下來，最後再看著自己美麗的手手，心情就突然都變得美好了！

我的手也不給摸喔。

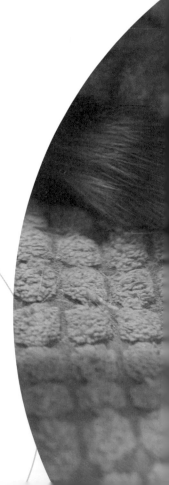

02　最美好的時光

怒視人的阿瑪，其實是想擦屁股。

擦屁屁的時光

經歷了《黃阿瑪的後宮生活：等我回家的你》〈阿瑪想要擦屁屁〉那段習慣養成之後，現在擦屁屁這件事對於阿瑪來說，已經變得像是喝水呼吸一樣自然的基本需要，雖說如此，但現在阿瑪不必刻意要求，它就像是生活中的氧氣，已成一種毫無疑問的日常！

而且，原本從單單只有志銘狸貓兩人的服務，到現在已經是每位奴才都能懂得如何為阿瑪提供這個服務了，以前他還需要透過叫聲來使喚我們，現在我們已經被訓練，變成一個只需要簡單眼神示意，就能自動往廁所去的「擦屁屁機器人」了。

當然，我們也是偶爾會想要叛逆一下，假裝沒聽到阿瑪的呼喚，有一次因為大家會議中，實在抽不出空檔陪他去浴室，阿瑪在一旁來回穿梭，極盡全身之能力干擾會議進行，但我們仍然裝作沒聽見，阿瑪在幾聲長鳴吶喊後，突然停了下來，我們好奇轉頭一看，發現他正在沙發上報復性灑尿，大家才急忙清理，並且帶阿瑪去浴室，滿足他的要求。

▶ 亂尿尿是恩賜，請珍惜。

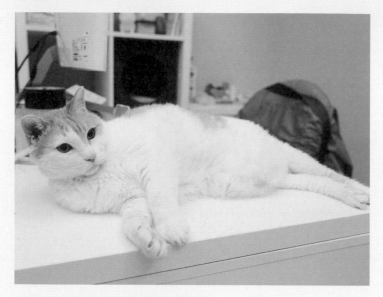

那次事件之後，我們並不生氣，反而覺得阿瑪真是聰明，他完全掌握我們的弱點，更理解了與我們溝通的方法，這是因為他長時間對我們的認識，並且融會貫通去理解的才能，他知道我們能解決一切，他知道我們會馬上帶他去浴室，他知道什麼事情能讓我們停下手邊所有重要的事，他知道我們不會揍他！

而這就是我們與他們的緣分，從最初的相遇，到現在如此相知的默契，想來真是覺得美好，想必天下每個貓奴跟主子間，也都有如此平凡瑣碎的日常，那當中便都蘊含著最深厚的愛吧！

哈哈哈哈哈哈！尿！

33

▲▲▲▲▲▲▲▲▲▲▲▲

瑜伽墊上的時光

前兩年，因為台灣疫情日趨嚴重的緣故，社區健身房暫時關閉，為了能在後宮好好運動，我們購買了瑜伽墊，但沒想到最常使用瑜伽墊的常客，不是人類，而是三腳。

每回在臥室地板上打開瑜伽墊，準備做運動時，原先躺在床上的三腳，就會突然眼神一亮，叫一聲：「喵！」然後以她的最高速度跳向床下，再飛奔至瑜伽墊上，動作之迅速，總能讓人忘記她是隻行動不便的三腳貓咪。

可能因為瑜伽墊的材質軟硬適中，又富有支撐力，相較木地板來說，少一隻手的三腳走在上面會很舒服，因此她才這麼喜歡瑜伽墊吧？不過，對於她願意嘗試接納新鮮事物的開放態度，我們還是感到滿驚訝的。

「三腳，妳也衝太快了吧！」被嚇得目瞪口呆的我說。此時三腳以飛快的速度，伸出她僅存的單手貓爪，狠狠地往瑜伽墊上抓，瞬間，瑜伽墊已經被當成貓抓板來使用了。

「欸欸欸！這是新的墊子欸……」發出啪啪啪啪啪的聲響後，瑜伽墊上冒出了許多孔洞，雖然覺得無奈但沒關係，三腳開心就好，反正這墊子變得再怎麼破爛，我們還是可以在上面做運動的嘛！只是，三腳抓完之後就會直接躺下來，而且是整隻橫躺霸占住瑜伽墊的姿態，導致我變得無法在上面適當伸展運動的程度，變得只能縮在邊邊角角的地方做，甚至下半身會超出到瑜伽墊外，整個人變得有點狼狽又好笑！

▲ 躺在瑜伽墊盯著你的視角。

後來，為了能順利運動，會趁著三腳不在臥室或是熟睡時，才打開瑜伽墊來做運動，其餘時間，瑜伽墊便被收到神祕的抽屜角落了，因為三腳實在是太愛抓瑜伽墊了，瑜伽墊明明已經被弄得破破爛爛，她還是每見到一次就抓一次，我們甚至發現三腳的身上、指甲，有時候也沾黏少許瑜伽墊的碎屑，因為避免她不小心在理毛時把碎屑吃下肚，只好把瑜伽墊收起來；而同樣的狀況，也可能會發生在巧拼地墊上，因為很多貓咪也好愛抓巧拼，甚至會誤食巧拼，嚴重的話，還可能導致貓咪肚子囤積巧拼，需要手術才能取出，各位貓奴不可不慎喔！

37

▶ 後來全室改成寵物地墊後，三腳都到處躺。

當瑜伽墊變成了期間限定才能登場的物品後，最近的三腳，只要一聽見瑜伽墊被打開的聲音，不管她在哪裡，都會立馬衝上前來，而這種時候，就必須在一邊運動的同時，一邊留心三腳有沒誤食碎屑，運動一結束，就得再火速把瑜伽墊收起，雖然這個時候的三腳，總會露出哀怨的表情，彷彿在說：「你又要收起來了喔？」但沒辦法，為了安全，我們也只能忽視她懇求的眼神了！不久之後，因為那塊瑜伽墊實在被抓到殘破不已，還是淪落被丟棄的命運！

狸貓，該睡覺了喔！

陪睡的時光

平時白天我們與貓咪們一起上班，同事們都在的時候，每間房的貓咪們都可以看得到人，不用怕無聊。但下班後的時間，就只剩下我（志銘）或是狸貓了。

為了讓貓咪們全天候都盡量有人陪伴，我與狸貓約定好每週固定的輪班留守日，輪到自己的留守日，就留在後宮過夜。有趣的是，不知道是因為我們兩人有什麼氣場的不同，還是貓咪對我們的喜好度真的有所差別，我們發現兩人各自留守的夜晚，臥室內能看見的貓咪組合會很不一樣，而且模組都滿固定的。

▎ 陪睡女王三腳，看到人就會過去呼嚕呼嚕。

先說我好了，我通常準備睡覺前，才會去洗澡，常常我還在客廳沙發上看電視、放空休息時，三腳卻好像身體裡有放鬧鐘似的，總會在固定的時間，默默走到走廊的位置盯著我，甚至還會不耐煩，對我叫一下，好像在提醒我：「怎麼還不去洗澡，我們該睡覺了！」

但有時候她可能比較累，直到我洗完澡，她都還沒發現，但通常等我出了浴室，走進房間整理臥鋪時，三腳不論是就近在臥室的睡窩裡，還是遠在客廳的某個角落，這時她都能聽聲辨位，火速衝向房裡的床鋪上，然後直接倒躺進我的懷裡。

除了三腳之外，我留守的日子裡，房裡還可能多出柚子與小花，或者是只有多出柚子，反正小花是不會單獨與我留在房內的，只有柚子在的時候，她才會勉強跟著，柚子雖然偶爾會進房睡，但通常也都只是睡在上鋪，很少到我身旁一起睡。或許對他們而言，進房睡覺比較像是一種資格權益的使用，既然公設有開放，那就進去使用一下好了，而且只有少數貓可以進入，所以可以順便滿足一點心裡的優越感吧（笑）！

▮ 小花偶爾會主動躺到腿上，但這時如果要抱她，她就會逃走。

還不睡覺？會早死喔！

▶ 狸貓熬夜時，阿瑪盯著他的眼神。

不過三腳就不同了，她好像覺得跟人睡覺是一種重要的儀式感，她是期待著每天的最後都是要以這樣的一起睡覺當作結尾的，十分浪漫又極度惹人憐愛，每次在房裡聽到她從客廳往自己的方向蹣跚的腳步聲，就覺得超級溫暖，一整天有什麼辛苦、煩躁的事情，也都會忘光光了！

至於狸貓，他住在後宮的日子，除了三腳也一樣會進房陪睡之外，小花倒是意外的也滿黏著他，尤其小花還會圍繞在他的電腦四周，好像很享受在看著狸貓玩遊戲的樣子，甚至有時候柚子不在，小花也可以自己一貓在裡頭陪著狸貓，我問狸貓：「為何她這樣黏著你？」但他也說不出個所以然，小花果然還真是讓人猜不透呢！

不過如果真要說，真正最常陪狸貓睡的，那應該還是阿瑪，他們人貓倆的情感，大概也只有他們彼此能懂得，在他們之間，有一些的眼神、語氣、默契……有時大概連我也只能算是個外人吧（笑）！

然而，也只有狸貓在的時候，阿瑪才會主動走向臥室睡覺，雖然有時候可能因為阿瑪在嚕嚕房裡，狸貓必須主動去把他請到臥室，阿瑪也都會乖乖與狸貓一起睡覺；但如果是我在的時候，阿瑪就不會想要去臥室，我要準備睡覺時，他反而會走向嚕嚕房，而且還要我幫忙開門讓他進去，這大概就是受寵與不受寵之間的差別吧！（哭）

一起抓壞人的時光

逗貓棒幾乎是每位家貓的共同童年記憶，好像只要有養貓的人，都會理所當然地覺得家裡該擺放一支逗貓棒，「貓咪愛逗貓棒」這件事似乎也像是常識般，流傳在貓奴或甚至是非貓奴的各個族群裡，當然，我們自己也是如此，雖然後宮的貓咪們大多已經到了常常「不為所動」的年紀，但從以前到現在，哥哥姊姊們玩膩了的玩具，當然就都變成了小花妹妹的了，為了小花的童年，在逗貓棒的豐富度上，我們可是做了十足的準備。

幼貓時期的小花對於逗貓棒的熱情，毫無意外是既深情又執著，正因為如此，她對我們幾乎是形影不離，因為每天都想要玩好多次逗貓棒，而且只要誰願意陪她玩逗貓棒，誰就可以收買她，再加上當時後宮其他貓咪都脫離這種瘋狂愛逗貓棒的時期好久了，所以再次遇到這麼有反應的貓，大家像是都重拾了剛養貓時的那種新鮮感與成就感，整個後宮因此也變得熱鬧許多！

▶ 努力玩逗貓棒的浣腸。

當時有個最主要的成就感來源，應該是小花那崇拜的眼神，因為當時她最愛的其中一支逗貓棒放在廚房拉門的正上方，那位置是貓咪無法到達的區域，所以每回我們一拿到，小花就會發瘋似的圍著人轉圈，眼神裡透露出的崇拜，像是透著點光，一閃一爍的，彷彿在說：「哇！你超強！你怎麼揪出這個可惡的壞蛋的？」於是我們變成了揭開事件序幕的那個主要配角，而她，才是要制服壞蛋的真正英雄。就這樣，我們每次玩逗貓棒的十分鐘，便成了一場又一場的世界大戰，她對於反覆當英雄抓壞蛋非常熱中，在一天可能會有十幾二十場，至於次數的多寡，取決於我們能幫她引出逗貓棒壞蛋多少次。

現在反而是浣腸在
幫小花抓壞人了！

50

▀ 三腳也愛抓壞人。

隨著日子一天一天過去，小花也漸漸見多識廣了些，除了崇拜的眼神明顯少了些，
飛奔而來的速度也慢了許多，後來甚至是逗貓棒已經拿下來了，她還絲毫沒反應，
現在則是需要更多不同款式，才有辦法引起她的興趣了，玩具櫃裡雖然滿滿都是
她的逗貓棒，但她真正喜歡的，也只有其中的少數幾支，或許，換另外一個角度
想，在她看出去的視界裡，壞人可能已經快要被自己消滅光了吧！

梳毛的時光

養貓的人有個莫大的困擾就是貓毛的問題，即使是短毛貓，就算他們維持正常作息，每天也還是會產生大量廢毛，更別說是天氣變化的季節轉換期了。

所以我們有事沒事就會幫他們梳梳毛，除了可以一邊觀察他們身體有無異狀，增進彼此的感情，還可以避免環境掉落更多毛，同時也減少他們舔入太多自己的的毛，影響到身體健康。

然而每隻貓咪對於梳毛的反應都很不一樣，後宮比較少「超愛被梳毛」的類型，大部分都是可以接受，但也不到會主動想要討梳的程度，像以前嚕嚕是幾乎無法被梳的，只要梳子一碰到他，他的背就會很敏感有反應甚至是顫抖一下，然後再嫌棄的離開；而其餘貓大多屬於可以暫時忍耐被梳一下的類型。

因為後宮貓咪幾乎沒在洗澡的，所以透過梳毛，也是幫忙他們整理的一個重要的方式，貓咪身上有時候會看得見白色的皮屑，長得有點像是人類的頭皮屑一樣，那是貓咪把老舊角質層代謝掉時產生的物質，每隻貓或多或少都有，所以如果有一點點那都算是正常的，若是太多就有點不正常，需要看看是哪個環節出了問題。

▶ 難得乖乖給梳毛的嚕嚕。

因為以前嚕嚕完全不給梳毛，有一陣子在他身上發現比較多的皮屑，剛好遇上朋友推薦了新的梳毛器，是款號稱很多貓咪都愛的梳毛器，想說買來試試也無妨，結果沒想到嚕嚕還真的接受了那個梳毛器，突然間，他就變成了可以接受梳毛的貓了，雖然還是不至於到超愛，不過只要每天能勉強忍受幾分鐘，讓我好好幫他梳毛，那也就足夠了！

哼！給你梳啦！

其實幫貓咪梳毛這件事很常被忽略，但卻是好重要的一件事。記得之前三腳口炎最嚴重的那幾個月，她因為身體不舒服，所以比較沒有心力幫忙自己清理身體，當時她全身的毛都超級亂的，而且都有點潮濕的感覺，於是我開始每天幫她好好地梳毛，一天花個五到十分鐘，才過沒幾天，三腳的毛就變得柔順又蓬鬆，絲毫沒有任何病態。

後來我發現，有些貓之所以討厭梳毛，是因為沒找對適合的梳子，這或許可以靠多找幾種不同的款式來解決，或是梳的方式、角度、力量不正確，也會導致貓咪不舒服，這也可以上網多參考影片來解決，另一個可能討厭梳毛的原因是不習慣，畢竟以前沒有被這樣梳過的話，毛髮在皮膚上突然被拉直的感覺，應該一開始是會讓他們滿緊張的，但只要多練習幾次，也許某天他們也開始懂得享受了喔！

57

捍衛家園的時光

自從搬來板橋新後宮之後，後宮貓咪們依活動範圍習性，大致可以分成兩類，一群是可以到處自由移動的組別，像是柚子、阿瑪、三腳、小花、招弟；而另一群就是嚕嚕、浣腸、Socles，他們有自己的專屬空間，他們在後宮的地位本就相對弱勢，這樣一來，除了在生活上會多一分安心之外，同時也讓他們不容易受到欺負。

雖然他們都已經絕育，但是天生的地盤占領意識還是少不了，尤其當他們認定了這是屬於自己的小空間後，就可能會自己訂定一些房間規則，這裡說的規則很不成文，至少貓咪不可能用文字寫出，也無法用言語表達，但透過行為表現，我們可以看得出來他們各自對於自己領地的某些堅持。

▶ 嚕嚕房的老大的就是嚕嚕！

這些堅持通常重點在於，他願意開放空間讓誰進入？而取決的條件通常是房間的主貓跟誰要好或是尊敬誰畏懼誰，那誰就擁有該房間的通行證。

嚕嚕房基本上是誰都可以進入的，通行規則十分寬鬆。雖然平常我們只會看到阿瑪或是柚子，但那不代表嚕嚕不讓別貓通行，更精確來說，其實是除了他們倆之外，沒有任何貓想要進去嚕嚕房，除了浣腸之外。

浣腸雖然有專屬於自己的房間，但他其實是也想要到處跑的，他想要征服每一個房間，但因為他太容易引發戰爭，所以除了放風，他大部分時間還是待在浣腸房。

浣腸對於自己房間的通行規則，就訂得嚴格許多，能進入他房間的，就只有柚子與三腳，其他貓咪他一律不歡迎。比較特別的是，他雖然畏懼阿瑪，但看見阿瑪走入他房間時，他會特別生氣，急著想要把阿瑪趕走，也許是他覺得外面的空間已經無法掌控了，不能再讓裡面被侵犯一磚一瓦。在維護自己的家園這方面，浣腸算是頗有堅持。

◤ 浣腸不能接受阿瑪進浣腸房！

▶ 最討厭公貓靠近的 Socles。

至於 Socles，她對於自己的專屬家園特別重視，就像是個住在高級社區的貴婦，因為害怕遇到紛爭，所以格外小心，對於出入貓等管控嚴格，只要是臭男生，一律不給進！

剛開始若是有公貓進入，她會在遠處大叫，邊叫邊躲，但往往抵擋不住柚子衝進來的攻勢，後來她可能意識到這樣無法解決問題，於是決定面對面挑戰，某次柚子又溜進去，Socles 看見後，非但沒有逃跑退縮，反而衝到柚子面前尖叫，這突如其來的動作不如預期，嚇得柚子馬上奪門而出。雖然，後來柚子還是會不定時想進去巡一下，但好像他也已經默默的明白，這裡不是完全屬於他的地盤，想進去的時候，還是得要顧慮三分、察看 Socles 的臉色才行。

▶ 跑到 Socles 房的柚子。

◤ 每隻貓都有各自的領地和堅持的原則。

於是，因為眾貓的個性不同，演變成了不同的棲息模式，比較內向害羞、需要安全感的，就需要擁有自己的專屬家園，並且努力的保護它；比較外向、愛冒險、圓融擅交際的，就適合在外面自由行走，不受拘束，拓展各自的生活版圖。 至於他們該怎麼過？該怎麼交際？那則是他們自己的課題了，仔細想想，這跟人類的社會還真是相似呢！

66

▲ 招弟每日的來回奔波（六人房與臥室）

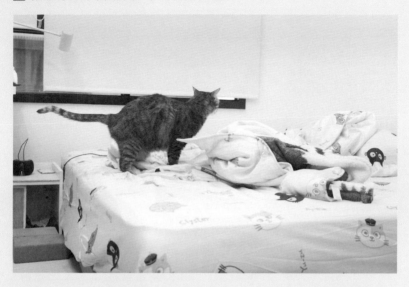

女孩的較勁時光

上本著作《黃阿瑪的後宮生活：等我回家的你》〈招弟的選擇〉裡面提到過，招弟自從搬到板橋新後宮後，開始喜歡待在大辦公室，也就是後來的 Socles 房，雖說它叫做 Socles 房，但最常待在裡頭的，同時還有招弟。只不過若真要論先來後到，應該是 Socles 搶先，畢竟招弟是經過了一番猶豫之後，才決定住進去的。

一開始招弟之所以猶豫，是因為她同時也喜歡待在臥室，臥室裡安靜又沒有貓咪吵，很符合她漸漸不再年輕，想要邁向放空之路的初老心境，但她又同時喜歡大辦公室的眾多人氣，畢竟喜歡上被摸摸之後，就很難戒掉那種舒服的感覺，要放空或是要被摸摸？這種矛盾的心情一直讓她手足無措，於是，她選擇了像上班族般的通勤生活。

所謂通勤生活，就是白天有人來上班時，她就會出現在大辦公室，等到晚上大家都下班後，她也跟著下班，回到臥室休息過夜，就這樣日復一日，即使偶爾通勤路上會遇到癡漢貓騷擾，也不影響到她每天來回奔波的決心。

日子就這樣和平過了一陣子，但某日開始，招弟竟然開始時常缺席了，後來經查證，應該是因為睡過頭導致的，有時甚至一整天都沒出現在大辦公室！而就在這個時候，Socles 主動踏進了大辦公室，並且趁招弟不在的時候，掛上了屬於自己的門牌！

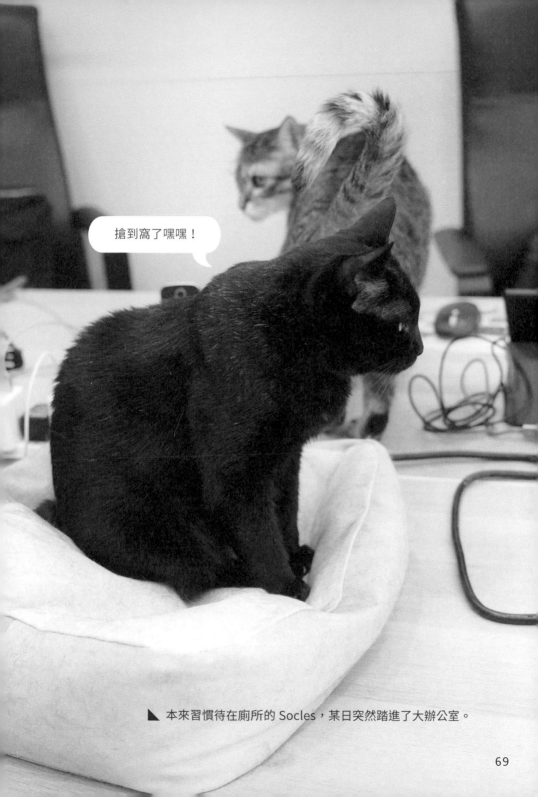

本來習慣待在廁所的 Socles，某日突然踏進了大辦公室。

等到招弟某天又回到大辦公室時，才發現房間已經被占領，於是，女孩間的戰爭就此展開，雖然兩位都是氣質女孩，但吵起架來可是一點都不優雅，不過至少不會像臭男生那樣，打得你死我活的。女孩間的戰爭，基本上是動口不動手，比的是唇槍舌劍的能力，而這方面的較勁，一開始是 Socles 獲勝！畢竟她從舊後宮時期就因為常被臭男生們追，而練就了一副海豚音好嗓子，現在只不過是將原有的能力拿出來再度應用。

我只是不愛吵架。

不過 Socles 有個最大弱點，就是容易沒自信，會突然臨陣退縮，因為怕輸，所以膽怯，然後就真的輸了，但那也不是能力上的輸，只是氣勢先輸了，因此招弟常常不戰而勝，輕而易舉就能占領她的位置，可偏偏招弟也不是真的想要喜歡那些位置，有時她只是看不順眼Socles，只是為了搶而搶，單純是一種示威表現！雖說如此，招弟有時候也會不想惹事，或是懶得吵，這種時候面對 Socles 的叫囂，她就會選擇冷處理，表面上看起來是 Socles 贏了，但事實上如何，就只有她們自己清楚了。

就這樣，兩貓各有長短，在大辦公室裡的地位，也一直如此互相拉扯抗衡著。只不過，後來就很少再看到招弟回去臥室了，她開始也整天都待在大辦公室裡。也許，原本就擁有的東西，很容易讓人忘記它的美好，總要等到出現了競爭者，才更能讓人珍惜它的美好吧！

◤ 聞阿瑪屁屁的招弟。

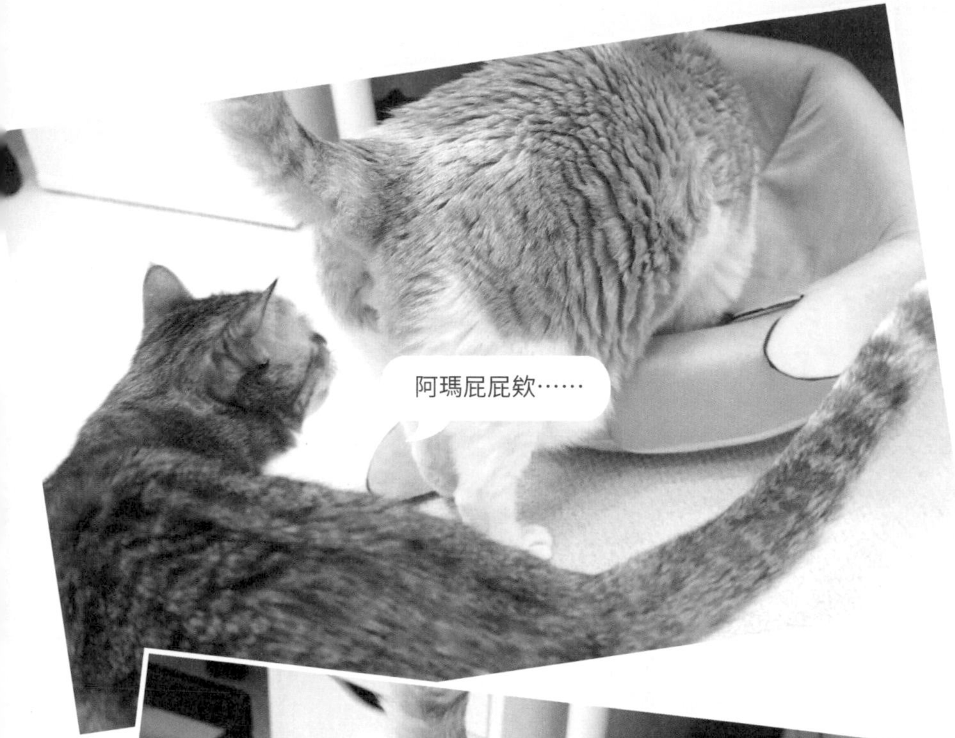

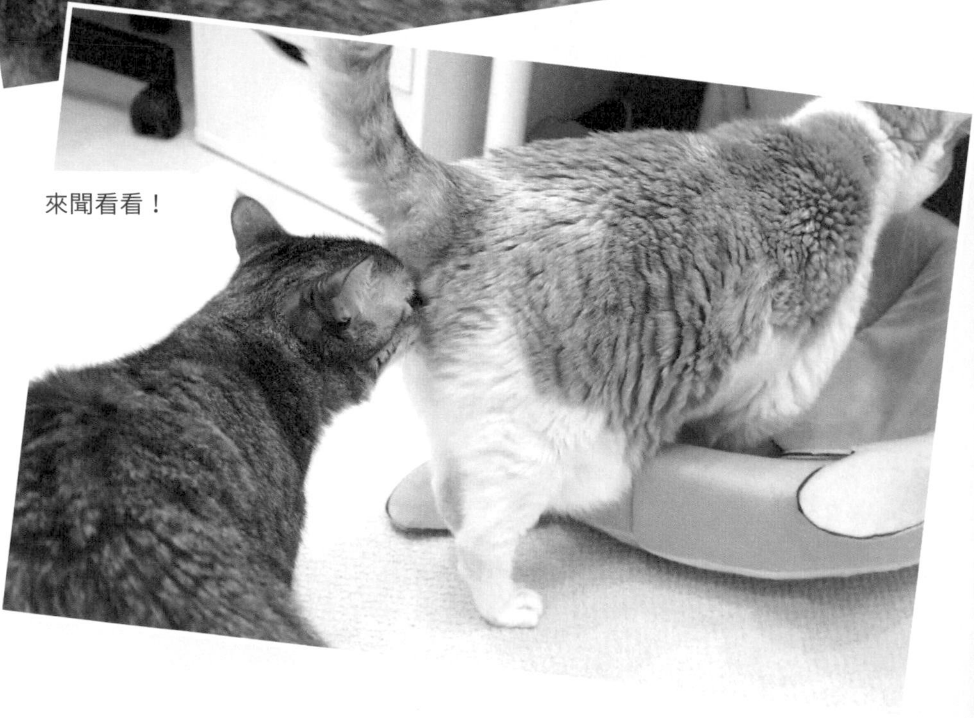

第二名的時光

上本著作《黃阿瑪的後宮生活：等我回家的你》〈消失的粉紅肚肚〉裡面提到過去三腳與 Socles 曾因為疑似心理因素，導致肚子毛量減少的狀況，不過在搬家之後，就各自不藥而癒，而在又經過了將近兩年後的現在，後宮再次出現了新的粉紅肚肚，而這個肚肚的主人則是柚子！

先來說說柚子現在的每日行程好了！首先，除了吃喝拉撒睡之外，他每天一定要騎娃娃，而且會邊騎邊叫，騎的時候還要搜尋附近有沒有觀眾（小花），若是有的話，就會叼著娃娃到她面前表演，那很累的，是非常花費體力的工作，而且一天數次，做得無怨無悔！

看到娃娃了！

此外，柚子每天一定要巡視整個後宮，真的是整個後宮，從臥室、廚房、嚕嚕房、浣腸房、Socles 房（雖然有時候會被罵出來，但他還是會努力嘗試），到整個客廳，有時甚至一天要巡好幾輪，每天都花超多時間在巡視這些地方，而且有些地方他真的只是進去繞一圈，沒有想久待的意思，我有時候要幫他開門前還會提醒他：「裡面沒有什麼不一樣喔，跟你早上進來的時候一樣喔！」但他不理會，照樣衝進去，然後跳上跳下巡一圈，不到三分鐘就又跑到門口要我開門讓他出去了！「我就跟你說了吧！」開門的時候我再度對他說。

我想，柚子的一大部分壓力，就來自於這些事吧，每天給自己排了太多的行程，需要完成太多的工作。我當然理解，這其實源自於他的地盤意識，他是在確認自己的地盤有沒有被侵占，有沒有減少，那是絕育手術也消除不掉的本性，也是他天生的能力，畢竟他靠這樣的能力，也在後宮有了自己的一席之地。

在我們的觀察下，在後宮眾貓中，若真要分地位的高低，他的地位應該只僅次於阿瑪，除了阿瑪，後宮應該無貓能與他抗衡。但也許就是因為那個「僅次」的狀態，讓他始終無法真正鬆懈！像阿瑪就很明白自己目前的地位鞏固、沒有威脅，所以過得自在，而嚕嚕則是深知自己的地位已經低到一個極限了，所以也早就拋開了心理的包袱，同樣過得自在無比，可是柚子偏偏兩者都不是，特別好勝的他，內心肯定充滿挫折感。

幸好，經過了這一兩年的時間，對於新後宮的環境可能已日漸熟悉，近期柚子的粉紅肚肚又開始長出了白白的毛，看來恢復成白肚肚也是指日可待的。

然而，多貓家庭的貓際關係本就複雜，永遠沒有誰對誰錯，面對他們彼此之間的關係消長，我們也只能從旁盡量保護，給予必要時的支援。出現了粉紅肚肚，我們能做的就是先送醫檢查，排除生理的病灶，至於心理的調適，還得靠時間來慢慢解決。或許有一天柚子會強過阿瑪，或是浣腸變成後宮的王者，那都沒關係，這都是他們最好的生命展現！

沒有分手的時光

小花原本是我們中途的四隻小奶貓其中之一,他的兄弟們各別被送養後,就只剩下她獨自留在後宮,還好當時有柚子在,很稱職的擔任了小花的成長導師。

如同當年浣腸剛來時,也是由柚子帶領他習慣後宮事物,當時他們整天膩在一起、形影不離,但隨著浣腸長大,有了更多主見之後,便不再整天跟著柚子,久而久之,兩貓就漸行漸遠了。

天下沒有不散的筵席,啊,不是!我是想說,貓咪間沒有永遠的朋友!從以前到現在,在我們這邊長大成貓的小貓們,與他們各自的生活導師,阿瑪與柚子,阿瑪與招弟,柚子與浣腸,每一對現在的關係,都滿像陌生貓的。

▲ 很常看到他們一起睡。

所以當小花一天天長大，開始有了自己的主見，開始有自己的喜好，開始不受控，開始懂得自己做決定之後，我便在心裡默默猜想，她與柚子的分手即將來臨，於是我到處提醒每個人他們可能即將分手的預言，希望大家多多留下他們還膩在一起的可愛畫面，「或許，哪一天就看不到了喔……」我這麼對大家說。

沒想到，兩年過去了，他們沒有分手，到現在還是時常能看見他們睡在一起，雖然不像以前那樣如膠似漆，但畢竟小花也開始有了一些自己的行程，像是找人陪玩逗貓棒啊、到處亂叫啊、抓蟲啊之類的，反正人家小女生也開始有了一些事情要忙，加上柚子在巡視整個房子時，某些空間是小花不敢進入的，自然兩貓的行程就不再那麼一致了！

總之，雖然他們現在不再如影隨形，但彼此對對方還是很重要的存在，忙完自己的事，會看一下對方在幹嘛，睡醒了也會找一下對方，有時晚上看他們一起躺在臥室裡的上舖，兩雙眼睛瞪得大大的也沒在睡，這莫非就是正在心靈的交流嗎？（笑）

貓咪的世界就是如此奇妙，當我們以人類角度去預測他們一定會遵循某種模式進行時，往往結果卻不是那樣，我以過往經驗來判斷柚子小花關係會冷卻變淡，但事實證明，每隻貓咪的個性都全然不同，在他們的身上，永遠有各種可能的故事組合延續，而我們只需要觀察，然後享受這一直接續下去的每個精采劇情，那就夠了！

▶ 甜蜜蜜的兩位。

從體格看起來很像是弟弟抱著姊姊。

81

▲ 浣腸喜歡散步，會自己開門到想去的地方（如果門沒鎖）。

出門囉！

散步的時光

經過了長期的開門練習，浣腸成功讓我們理解了他想外面探索的欲望，但為了避免重大傷害事件發生，我們首先採取每日散步計畫來滿足他的需求，透過每天不定時的短暫放風，讓他可以離開房間走走逛逛。

一開始的時間比較短，我們也會盯著他看著，但隨著他每次出來放風的狀況越來越穩定之後，他能待在外面的時間也開始慢慢增加，也不需要再一直盯著他，甚至現在他偶爾還能有時間在客廳睡個午覺呢！

其實浣腸真的是典型擁有多重貓格的貓，詳情可見《黃阿瑪的後宮生活：怎麼可能忘了你》〈多重貓格的每一天〉，常常會讓人覺得：「咦？浣腸？剛剛那個是你嗎？」對人總是時而緊張，時而撒嬌，讓人老是搞不清楚眼前的究竟是誰；對其他貓也是如此，有時候很勇敢，像是主動去挑釁阿瑪的時候，但又隨時可以變得很膽小，像是阿瑪準備要揍他的時候。

散步時間到！

其實在散步這件事情上也是如此。他內心明明是很渴望在外面走動的，但若真的把門直接打開著，他反而不一定會那麼急著出去了，因為他會有所顧慮，越是開放，他越覺得可疑：「奇怪！明明本來要千辛萬苦才能打開的門，怎麼今天直接幫我打開，是不是要害我？」然後觀望到最後，他可能就睡著了，或是忘記要走出去了！

類似的狀況也表現在與人的身體互動上，偶爾浣腸太久沒有被狸貓抱的時候，他可能會跳上設計小幫手的腳上撒嬌，光是這點就已經夠稀奇了，因為平常他根本對兩位設計小幫手視若無睹，常常他們兩人在裡面工作，浣腸卻獨自站在門邊對外放聲吶喊，好像整間房裡都沒人似的，所以第一次被浣腸跳到腳上時，小幫手內心感到受寵若驚，不過更讓人費解的是，主動跳上人腳上的浣腸，卻在被那雙腳的主人撫摸時瑟瑟發抖，我們只能解讀成，他內心真的非常需要人類的溫暖，但又害怕那分溫暖會過熱而燙傷自己，如此矛盾的心理狀態，也實在是辛苦他了！

休息一下。

順帶一提，浣腸已經擁有散步放風時間好一陣子，不過最近突然發現他又有了新的目標，那就是嚕嚕房的門。嚕嚕房也成了浣腸想要打開探索的目標了，當然，經過了好幾次的努力，現在浣腸也已經可以輕易的從客廳打開嚕嚕的房門囉！（不過我們還是會即時阻止他們見面的）從這點就能看出，浣腸個性裡的執著與努力不懈，真的是非常值得人類學習的好榜樣呢！

好想開門……

▲ 散步累了，就會去沙發睡覺。

▲ 睡醒繼續探險！

模仿的時光

在多貓家庭裡，幼貓常常藉由模仿成貓的行為來成長，他們自小跟著成貓，學習吃飯、學習上廁所、學撥貓砂、也學會找個好位置睡覺，更同時學該怎麼好好使喚奴才。舉凡生活上所有大大小小的事，幼貓都深受成貓的行為影響。

不過他們無法分辨行為的好壞，所以有些我們眼中的壞習慣，他們也學得很自然，像是破壞家具、亂咬線、隨地大小便，或者還有欺負別的貓。

柚子從小就很聰明，又跟大家都處得好，他也很懂得觀察情勢，當他還是幼貓時，他就看清楚後宮的老大是阿瑪，所以對阿瑪一直有種發自內心的畏懼感，好像阿瑪是一道高不可攀的牆，對柚子而言，是超級有很威嚴的存在；同時他也知道，大家都會欺負嚕嚕，而且嚕嚕看起來不太會回擊，於是他就也都學起來了。

隨著他慢慢長大，後來又遇見小花，也默默將這樣的認知傳遞給小花，開啟了另一段新的循環，而小花就像當年的柚子一樣，用她所能理解的方式，去理解眼前所看到的大家的關係。

該聽誰的話？該害怕誰？可以欺負誰？對她來講其實也搞不清楚原因，但像因為她幾乎沒進過嚕嚕房，比較少看到柚子欺負嚕嚕，所以她面對嚕嚕的時候，其實是很陌生的，完全不覺得對方會是可以被欺負的對象；但因為剛搬來新後宮時，她常常看見柚子跟招弟在互追，追過來追過去的好像很好玩，所以她也試著要這樣跟招弟玩，但招弟沒打算跟她玩，結果就是，我們看見小花單方面的在追著招弟跑，不過招弟一心只想逃離，看起來像是小花在欺負招弟的樣子。

另外，小花對阿瑪的畏懼也被柚子深深影響，她肯定有發現，常常她與柚子玩到一半，柚子會突然冷靜停下來，轉頭看才發現，只是因為阿瑪突然要路過或是出現在附近，幾次同樣的狀況之後，後來某次她也在玩樂的狀態時，遇到阿瑪出現，她竟然也默默冷靜了下來，這應該就是一種內化後的習慣反應了吧！

▼ 騎娃娃應該也是一種抒壓吧？

不甘心的時光

記得幾年前剛搬來板橋後宮時，因為想讓嚕嚕能夠安心生活，盡量減少他與其他貓相處造成壓力的機會，所以讓他自己擁有一個空間，我們姑且稱為「嚕嚕房」，而最初也是他自己選擇了這間房間，後來也就一直持續待在裡面，我們在嚕嚕房的時候他會來討摸撒嬌，沒人在的時候，他也會自己窩在櫃子裡的小窩，看起來一切都適應得十分良好，我們也一直以為這就是他最想要的生活，但後來，才發現並不全是如此。

93

嚕嚕房除了他自己以外，阿瑪和柚子也都可以自由進進出出，這點嚕嚕一直都看在眼裡。某天當阿瑪又在門邊大叫，要我幫他開門時，我才一打開，嚕嚕就搶先阿瑪溜了出去，於是我跟在他旁邊，陪著他一起逛客廳，但他很明顯討厭我跟在他身後，一直像小孩子生氣一樣的在對我哈氣（請自由想像哈氣生氣的表情），最後只快速的繞了一圈，他就自己走回房間了。

我們會這樣緊張兮兮的，其實是因為兩年前剛到這個新家時，嚕嚕曾經兩度在外面客廳尿尿在地板上，因為當時才剛搬來，也很難確定他亂尿的原因，不過最大的可能性之一，應該還是想要第一時間搶先占地盤吧。也因為這個亂尿尿的前例，後來才讓我們一直不放心讓嚕嚕獨自待在客廳，再加上一直以為嚕嚕很滿意獨居在房裡的生活，所以一直沒再嘗試讓他走出房間。

嚕嚕出來了……

後來某次有遇到寵物溝通師的機會，便想問問看嚕嚕內心的想法，我們問嚕嚕會想出去嗎？他反問我們：「那為什麼阿瑪可以出去？為什麼柚子可以在外面？」我說：「但因為你有自己的房間，他們沒有，你喜歡自己的房間嗎？」「喜歡！」嚕嚕好像有點委屈地回答。

嚕嚕在意的點是「被不公平對待」的感覺，他也希望自己偶爾可以在外面逛逛，不用很久的時間，但他也想要能有這樣的休閒時光，而且希望我能坐在沙發上陪他就好，不需要一直在他身邊跟前跟後。

滿好玩的！

那次的溝通結束後，我們就試著在某天下午的時段，將房門打開，原本趴在桌上休息的嚕嚕抬起頭來，滿臉狐疑的看著我，我示意他可以出來走走，他一臉難以置信的看著我，卻又忍不住雀躍，慢慢的往外走。

我坐在沙發上靜靜從遠處觀察著他，盡量不讓他感覺有壓力，但他仍然有點緊張，步伐有些混亂，感覺在客廳的嚕嚕變得很不自在，沒過幾分鐘，他就自動走回自己的房間了！

從那天起，我們就開始會不定時打開房門，讓嚕嚕自由進出，剛開始他一樣會自己快速繞個兩圈就回去房內；幾次之後，他好像開始覺得也沒有必要急著往外跑的感覺，他開始能懂得放鬆慢慢走，等走累了再回房休息，這點跟浣腸的散步時間很像，不同的是，浣腸會在客廳待很久，但嚕嚕想要待外面的時間非常短暫，我想，或許他就只是在內心深處希望能被公平對待而已吧！

好勝的時光

狸貓當年第一次在舊後宮地下室遇見四小虎時，有件事讓他印象特別深刻，他們當時被發現在牆壁旁的隙縫裡，而爬在最靠外側的那隻貓是隻三花貓，也就是小花，她當時極度富含生命力的吶喊叫聲，成功吸引了狸貓的注意力，在他們的第一次見面，就表現出了超級強大的求生欲望，這也讓後來狸貓陷入猶豫是否要收養小花的艱難抉擇時，更確信這是段冥冥之中注定的難得緣分。

好吃！好吃！

而從小就衝第一的小花，長大後還是很喜歡搶先，最常見的例子就是每天放飯的時刻。只要我們在廚房準備貓咪們的主食罐頭，小花就一定會跑到離廚房最近的位置等待，如果我們是一家排隊名店，那她就是每天都要排第一的那位客人，而且她不只是等，還很沒耐性，會一直叫囂，超級沒有禮貌，但是等到把罐頭準備好，放到她面前，她又不太愛吃，她就只是想當第一而已，真是教人匪夷所思。

另外還有一件更讓人難以理解的事，就是「對人撒嬌」。記得從前她還是四小虎成員的時期時，他們個個都超級親人，常會一起窩在人的腳上，爬上人的背上，與人毫無距離感，當時小花身為其中一員，當然也是如此；後來她的兄弟們離開後，剛開始小花還是會黏著我們，我們也常常會分享她靠在我們腳上的溫馨照片，甚至還會互相比較小花比較黏誰，但隨著年紀漸長，現在她看我們的眼神已經不再是充滿期待的閃閃發亮，取而代之的只剩下冷漠與鄙視。

但奇怪的是，明明長大後變得很少找人撒嬌的小花，卻在看到有其他貓對我們撒嬌時，她就會忍不住來湊熱鬧，這真的是一種不想落於人後的心態。

最常發生的情況就是我走到沙發剛坐下來，柚子很自然就馬上想要跑來討摸撒嬌，而就在我們與柚子正在享受溫馨時光時，小花就會突然出現到柚子身旁，一起試圖擠在我的大腿上，通常這時候柚子就會因為覺得太擠而離開，留下我完整的大腿空位讓小花自己待著，但就在此時，小花會默默的走掉了！

同樣的情況偶爾也會發生在三腳身上，有時候三腳會在客廳角落的貓窩裡，當她發現我們坐在沙發上時，也會過來撒嬌，但因為三腳走路較緩慢，常常小花一聽見三腳在遠處準備要往沙發移動，就會搶先一步衝向人類大腿，導致三腳抵達時，只能很哀怨的靠在我們身側的位置。不過，雖然小花搶先了一步，但總是沒幾分鐘就又會離開，讓人搞不清她剛剛火速趕過來的目的，究竟是為了什麼？

大概就是一種不想輸的心態吧！明明也
不是本來自己想要的東西，但看到有別
人想要，心裡就覺得：「那應該是好東
西吧？」於是加入了搶購的行列，但真
的搶到以後又不太想珍惜，因為畢竟不
是自己想要的東西嘛！我們就只是某個
被她拿來暫時炫耀的東西啊！（笑）

快樂肉泥時光

因為後宮貓咪平時吃點心的機會很少,所以通常只要一有點心吃,大家都會很愛,也沒有什麼適口性的問題,對他們而言,大部分的點心都算是山珍海味,更別說是本來一般貓咪就都超級愛不釋手的肉泥了!

想要志銘手上的東西！

肉泥在後宮簡直像是稀世珍寶，只要一拿在手上，大家都會把我當做神一般的存在，突然變得超愛我又聽超話，就這樣，透過一條小小的肉泥，讓我在不知不覺中，也與貓咪們拉近了更多距離。

▌ 有肉泥的奴才，就是貓咪們追隨的偶像。

▼ 爭先恐後搶肉泥！

嚕嚕因為口炎的關係，前陣子需要吃一款營養膏，但如果單吃那款營養膏，嚕嚕是不肯吃的，不過只要沾上肉泥，他就能吃得很開心。因為肉泥很大一條，我不想讓嚕嚕每次都吃那麼多，所以我每次餵嚕嚕吃的時候，其他貓咪們也都可以吃，一條肉泥分給八隻貓，大家都吃得到，又不會太多，真是恰到好處！

因為在餵嚕嚕時，阿瑪通常都會剛好在旁邊，他會超急忙的想要快點吃到肉泥，一直在旁邊擠嚕嚕，而且因為他的這個特點，甚至自己多次主動找我握手和撞頭，大概是因為他潛意識覺得握手就會有好吃的吧！（笑）所以只好為了食物不惜向我低頭！

餵完嚕嚕跟阿瑪後，我會走到客廳，先去找三腳，因為三腳走得慢，而且餵肉泥的時間，多半是她正在睡覺的下午時段，我一到她身邊，她就會被肉泥香味香醒，但我得把握時間快速餵她，否則小花馬上就會跑過來爭先恐後了。

接下來我會先去找柚子，但多半小花此刻也會正好在他身邊。柚子也很愛肉泥，但他不像小花那樣急忙貪吃，所以我會先確保柚子已經吃到了，才會轉向餵給小花。小花屬於狼吞虎嚥型，只要遇上她喜歡的食物，她就會一直要，絲毫不懂得節制，也不管旁邊站的是誰，就算是三腳、柚子，她也都不會讓。

至於 Socles 跟招弟，因為她們生活在同一間房間，所以我一進去，她們就會朝我衝過來。平時她們不太可能有機會靠近，所以趁著這個機會，我會把肉泥分別塗在自己同一隻手的食指和無名指，逼得她們只能靠超級近，才吃得到肉泥，經過了多次的練習，現在她們已經很習慣，看到我拿肉泥進去，就知道要準備集合囉！

剛剛我怎麼了？

最後，我會留下一點給浣腸，雖然浣腸平時不太理我，但只要我有肉泥，他就會暫時假裝忘記自己怕我，直接切換成另一個可愛黏人撒嬌的貓格，不過維持不了多久，只要肉泥一舔完，他就會馬上一副「你是誰？你怎麼在這邊？」的表情，然後快速逃離現場。

雖然，肉泥不能拿來當作正餐，也建議不要太常給貓咪吃，但是因為他有絕佳的適口性，所以多數貓咪遇到肉泥都會表現出完全不一樣的態度，對於想親近貓咪的人又苦無方法的人來說，應該會是個不錯的辦法；另一個肉泥最大的好處就是，只要我們的貓咪看起來有點懶懶的，我就會拿肉泥測試看看食欲有沒有問題，如果連肉泥都不吃，就該帶去看醫生囉！

嗨，我是四號小花！

變陌生的時光

我們常常掛在嘴邊說：貓與貓之間的關係總是變化萬千，就算今天是親兄弟，明天也可能隨時變成陌生人，就像是當初的四小虎，明明是同胞兄妹，從小經歷過一起流浪在外的共患難，甚至後來也在二號後宮形影不離的相處了好幾個月，照理說他們之間，應該很難忘記彼此的！

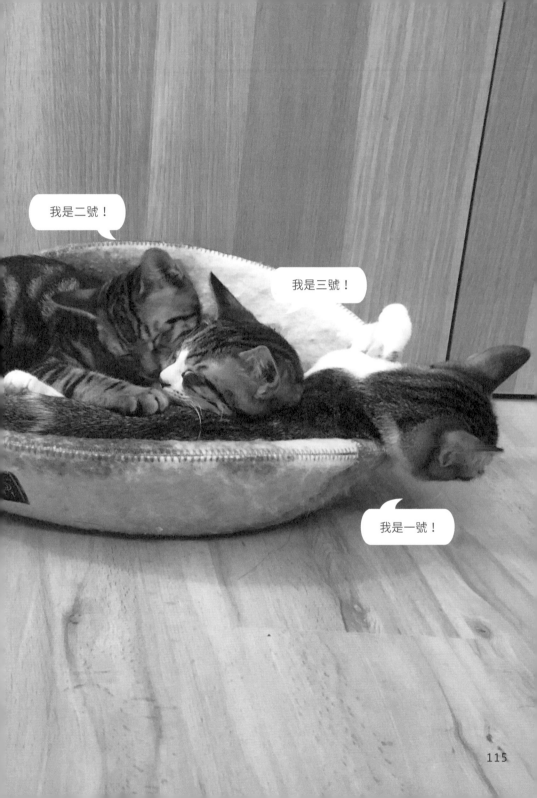

▲ 原本的二號、三號。

三號

二號

▲ 現在的一號、三號。

三號

一號

▲ 現在的一號（8.4kg）、三號（9.5kg）。

我是大少爺！（一號）

我是呆呆！（三號）

116

▼ 現在的二號（11.2kg）

二號

現在我叫豆豆！

但沒想到，他們分別被送養到不同環境之後，才過沒幾個月，竟然就完全不認得對方了，記得有次想讓他們再相聚看看，結局卻讓人出乎意料。當時的二號甚至一回到後宮，就直接嚇到閃尿，還直接被帶進廁所清理一番；除了二號之外，一號與三號也是對大家都變得超級陌生，不論見到哪隻貓都是直接哈氣，絲毫不記得任何過往的情分；至於小花，更是從頭至尾躲在上方的貓走道，遠處觀察這幾隻，她已經忘掉的親生兄弟們！

除了四小虎之外，後宮的大家也是如此，就算過往曾有過深厚感情，也常常因為日常生活距離變遠及歲月的流逝，加速沖淡了貓咪們彼此之間的感情。

▉ 前幾年還很瘦的小花

柚子與浣腸的兄弟情誼變淡，當然是大家都看在眼裡的不爭事實，
除了小花的出現（介入）之外，兩貓本身的性格或興趣的轉變也是
很重要的因素。

▆ 以前只要碰面就會熱情互聞。

而阿瑪與招弟更是從以前那如膠似漆的關係，轉變成如今簡直是分居狀態的冷漠情侶。因為招弟目前與 Socles 同居在一間房，而阿瑪又必須與Socles 分開（否則 Socles 會被阿瑪追，大尖叫！）因此現在他們倆平時幾乎很少再有見面的機會，就算遇到彼此也很少打招呼（互聞），甚至偶爾招弟剛好出來客廳閒晃，兩貓碰面時，招弟還會顯得有點驚慌失措呢！

其實，貓咪跟人類很像，從前的他們，就像是在學校裡的同學們，每天因為
長時間的相處互動，所以小團體的組合很明顯，誰跟誰好，誰又跟誰不好，
都是很容易就看得出來的差別，而且特別容易產生群體之中的領導者、風雲
人物，對比起來也會產生很多邊緣者，像是 Socles、浣腸、嚕嚕，他們過去
都顯得比較邊緣，比較容易被欺負的感覺。

但現在不同了，現在的後宮貓咪們就像是已經從學校畢業，大家各奔東西出了社會的成年人，彼此都有各自的新生活，也各有各的領域要費心照顧，最重要的是，大家都長大變成熟了，已經不再是從前那些，因為一點小事就要爭得你死我活的小屁孩了！各自有了獨立的空間之後，大家好像都變得更能將壓力釋放，變成一隻隻抗壓力更強的貓咪了！

後宮貓咪們從熟悉變得陌生，乍看之下像是一個讓人感到失落感傷的改變，但其實這樣的轉變，更深一層的意義，是讓我們見證了眾貓從戰亂走向和平，從紛擾趨於安樂的歷程。或許有些人會覺得，他們現在這樣平淡安靜的生活有點無聊，但我相信對他們而言，現在的生活肯定是變得更快樂又幸福了呢！

03 後宮的一天

阿瑪的一天

09:00 想盡辦法跑去臥室，叫狸貓起床擦屁股，若臥室關門，就在門口狂叫；若前一晚睡嚕嚕房，物理性導致阿瑪無法前往臥室，就會在嚕嚕房睡到 12 點。

10:00 吃飯。

12:00 若在嚕嚕房，會狂叫人幫忙開門，出來到處檢查環境，找狸貓或其他人擦屁股，確認沒事之後就會在客廳睡覺。

12:30 發現狸貓去嚕嚕房工作的時候，就會尾隨狸貓進房，跑到桌上討零食點心，每一個點心都要吃到一次之後才會甘願睡覺，睡前一定會喝水！

16:00 睡到大約這個時間之後，就會起床尿尿大便吃飯（大便完會大叫一聲），吃完會忘記自己已經吃過點心，會再跑去狸貓面前討點心，通常這時候狸貓只會給一點點點點零食，避免阿瑪過胖，吃完就會繼續睡覺。

19:00 偶爾會跑去跟 Socles 吵架，但大多數時間都在睡覺！

23:00 阿瑪會觀察狸貓在幹嘛，想盡辦法靠近狸貓，通常狸貓這時候都在臥室打電動，阿瑪就會跑去廁所大叫吸引狸貓的注意力，或是跑到電腦螢幕前罰站（求關注和討摸），摸完之後就會想回嚕嚕房睡覺（或被狸貓技巧性地帶回嚕嚕房睡），偶爾會在客廳睡覺。

23:00 如果當晚睡客廳，半夜有可能會跑到狸貓耳邊大叫，希望狸貓幫他擦屁股，或是叫狸貓看他吃飯和大便。

招弟的一天

10:00 早上一看到有小幫手進門，就會瘋狂喵喵叫撒嬌，如果她本來在遠處或是沉睡狀態，一叫她她就會秒速衝刺飛奔前來！

11:00 早上放飯通常會直接放兩碗，一碗放在桌上，一碗放在地上，但招弟會喜歡選擇吃地上那碗飼料！不知道為什麼，這應該單純是一種習慣的養成。

12:00 通常吃飽過後，招弟會走到小幫手桌上的窩裡睡覺，但如果原本打算要去的窩早已經被 Socles 搶先，她就會直接走到小幫手的座位上（桌面）睡覺！

13:30 午休時間會看著小幫手們用餐，然後再跟小幫手們一起午休睡覺，而且通常會睡到打呼，還很大聲！

16:00 睡醒之後的招弟，通常沒什麼事的話會再繼續睡，但偶爾也會跟 Socles 吵架，感覺都不是為了什麼大事而吵，大概就是「妳怎麼睡這麼過來？」「妳剛剛為什麼又一直在勾引小幫手？」諸如此類的芝麻蒜皮小事，但其實大多數時間她都在睡覺！

18:00 晚餐前的時間，有時候會乘機跑出客廳走走看看，但真的只是看看，也沒有打算久留的意思，只要客廳看起來沒什麼特別的改變，就會快速再回到房間！

18:30 晚餐時間。

21:00 與 Socles 進行跑跑叫叫運動會，時而奔跑，時而尖叫，這不一定每天都會發生，但如果發生了也完全不奇怪，就當作她們是在進行睡前的伸展運動，目的只是為了迎接夜晚的一覺好眠！

三腳的一天

09:00　起床，跑到臥室看狸貓睡覺（其實應該是在等飯吃）。

09:30　吃早餐

10:00　在客廳或回臥室，飯後小睡片刻，此時隨時會有奴才拿針過來刺她，但刺完之後就會有好吃柴魚片（三腳需要每 12 小時打一次胰島素，控制血糖）。

14:00　起床到處巡看看有沒有新鮮事，累了就在客廳隨意躺下，或跑去臥室睡。

15:00　進嚕嚕房，爬上狸貓座位旁的小窩裡睡覺，會用眼神跟嚕嚕示意叫他別接近。

19:00　起床吃晚餐，吃飽了就會跑去客廳倒下睡覺。

22:00　奴才再次拿針過來刺她，刺完有好吃的柴魚片。

00:00　跑去臥室，催促奴才準備洗澡睡覺，主動跑去躺床，此時會唱起呼嚕呼嚕之歌，讓人注意到她已經躺好了，趕快過來睡覺吧。

03:00　看奴才熟睡後，就會離開床，移到床下的小窩或客廳沙發繼續睡。

Socles 的一天

09:00 通常都會睡在窩上，如果位子被搶了，就會隱藏沒入在小幫手椅子
| 上（都是黑色的）！

09:30 小幫手放飯，會想吃放在桌面上的那碗，但通常吃一吃會被招弟趕
| 下去！

11:00 吃飽後，會繞著小幫手每一個人的電腦，到處巡視！
|

12:00 只要小幫手有在看影片，特別是在剪片或是撥放頻道影片的時候，
| 會跟著緊盯著銀幕，而且是非常認真的監督！

13:30 跟小幫手們一起午休睡覺，會睡到打呼很大聲，還會用手把臉遮起
| 來！

16:00 有時候會跟招弟吵架，但大多數時間都在睡覺。
|

19:00 常常會凝視窗外夜景，思考貓生！
|

21:00 與招弟進行跑跑叫叫運動會，特別擅長尖叫的部分！
|

22:00 如果跑完的話，就會緊接著入睡！
|

00:00 半夜奴才跑進來的話，會馬上衝過來迎接撒嬌（不知道為什麼半夜
       特別愛撒嬌）。

嚕嚕的一天

10:00 起床，吃飯！

11:00 大聲嚷嚷，叫人進房陪他。

11:30 如果有人在裡面，就會放鬆安心在辦公桌上趴睡。

12:00 看到阿瑪在跟狸貓討食的時候，嚕嚕會站在另一張桌上望著阿瑪的行為。

13:30 午休時間，沒有人在房內，就會自己回去舒服的貓窩睡覺！

14:00 志銘或狸貓再度出現，就會回到桌面上陪著工作！如果此時阿瑪也在狸貓桌前，嚕嚕也會奮不顧身的來桌子前卡位，最後就會呈現兩隻貓都卡在狸貓電腦前的畫面。

15:00 待在門口等待機會出去客廳，平均五分鐘內會自己再走回房內，除非志銘或狸貓坐在客廳，那可能會讓他待在客廳稍微久一些，不過通常還是會盡速回房！

16:00 在房內繼續會跟阿瑪搶位置，有時候是狸貓的座位，有時候是地上貓窩，或是桌旁的小窩，但都只是輕輕碎念兩聲，阿瑪也沒什麼理會他，而嚕嚕通常都會選擇睡地上的窩。

18:30 吃飯喝水上廁所，嚕嚕喝水喝超多，尿也超多。

20:00 人類不在的時候，又會開始哀號叫喚，全力使出苦肉計，企圖教人
心軟，進來房間！

20:30 意識到暫時不會有人類出現，就不會再白費力氣，好好一覺到天
明！

00:00 有時狸貓會把阿瑪放入房內一起過夜，但因為晚了，所以兩隻都會
安穩睡覺，不曾發生任何吵架過。

柚子的一天

09:00　起床，吃完早餐，進行全室巡邏！
　　｜

10:30　找人拍屁屁！

　　｜

11:00　跟小花玩一下！騎娃娃！

　　｜

12:00　在客廳午休，如果看到嚕嚕房有開門，就會想盡辦法衝進去。

　　｜

14:00　騎娃娃！邊騎邊去找小花，叫小花看他騎。

　　｜

15:00　巡視嚕嚕房，從下到上都不放過，最後偶爾會在最上方的角落處睡覺。
　　｜

16:00　想盡辦法去巡招弟、Socles 房，但通常會被奴才阻攔。

　　｜

17:00　巡臥室，順便在臥室睡覺休息。

　　｜

18:30　吃晚餐，但通常吃不太多！吃完又會馬上找事情玩。

　　｜

19:00　跟小花玩！找小花一起去廚房深處探險。

20:00 跟小花在客廳睡覺！偶爾舔舔小花的毛。

21:00 偶爾會跟著阿瑪、三腳進臥室睡覺，最高紀錄是三隻貓都躺在床上卡位，但通常柚子是最先離開床的。

23:00 在客廳隨意找一個窩睡覺。

浣腸的一天

09:30 會在小幫手腳上待個 10-20 分鐘，享受早晨的溫暖！

10:00 往房間上方移動！到置物櫃頂或防潮箱上面，盡量找自己覺得最安穩的地方進行上午的休息，直到中午甚至是下午！

12:00 睡醒來後會開始大叫，想要出去放風，或是睡到一半如果聽見狸貓進來說話的聲音，也會醒來，並馬上要求狸貓放他出去放風（跑到門口邊等待開門瞬間衝出去）！

16:00 如果出房門後，通常會馬上嘗試去開嚕嚕的房間門，失敗被人發現就會躲去沙發或是椅子下，偶爾也會睡在客廳沙發的大臉抱枕、大紙箱、巨大麻糬上。

16:30 追小花和柚子 (疑似是在玩？)，主要會追著小花玩，但小花不太想跟他玩。

17:30 回自己的房間巡視最上層的崁橙層，接著回窩裡休息片刻。

19:00 睡醒想找大家玩，但大家大多不在房間內了，所以他會試圖自己再開門到客廳散步！

20:30 發現狸貓買飯回來了，會用大叫的方式請他開門（發現門不打開的話），通常狸貓都會心軟開門。

21:00 馬上去開嚕嚕房門，發現門打不開之後，會開始在客廳展開巡邏大
調查，也是從下到上，每個位子都走過、聞過之後，才會找一個窩
開始睡覺（最近很喜歡睡小帳篷）。

00:00 有時候會躲到廚房深處的櫃子底下，狸貓會花很長的時間才找到
他，這時候就會被狸貓帶回房間乖乖睡覺。

小花的一天

09:30　跟著柚子吃早餐！

11:00　跟著柚子在客廳玩耍！

12:00　跟著柚子在客廳午休，通常睡到一半，浣腸會突然出現在旁邊，用
　　　　他的鬥雞眼盯著小花，驚慌失措的小花會開始逃跑。

14:00　被柚子強迫看他騎各種娃娃！

14:30　終於沒事了，會隨意在客廳找位子睡覺！偶爾柚子會靠近一起陪睡
　　　　或舔毛。

17:00　四處觀察人的動靜，但被發現或注視就會想逃走！有人想摸她也不
　　　　行，會馬上用違法的時速跑走！

18:30　看到有人在廚房準備放飯，就會放聲催促，但其實不會吃太多，只
　　　　是想當第一個吃到的！而且也不會把自己的吃完，吃到一半就會跑
　　　　走，然後跑去吃別人的。

21:00　在客廳入睡……直到柚子再度出現在她面前！吵醒她或跟她玩抱抱
　　　　遊戲！此時浣腸也隨時會出現在她身旁偷看他，並展開小型追逐
　　　　戰。

00:00　如果這時小花看不到柚子，就會跑去狸貓身旁怪叫吶喊，叫狸貓把
　　　　柚子找到（有可能柚子跑去其他房間被關起來了），找到之後才會
　　　　乖乖繼續睡。

04 後宮三元老的生活改變

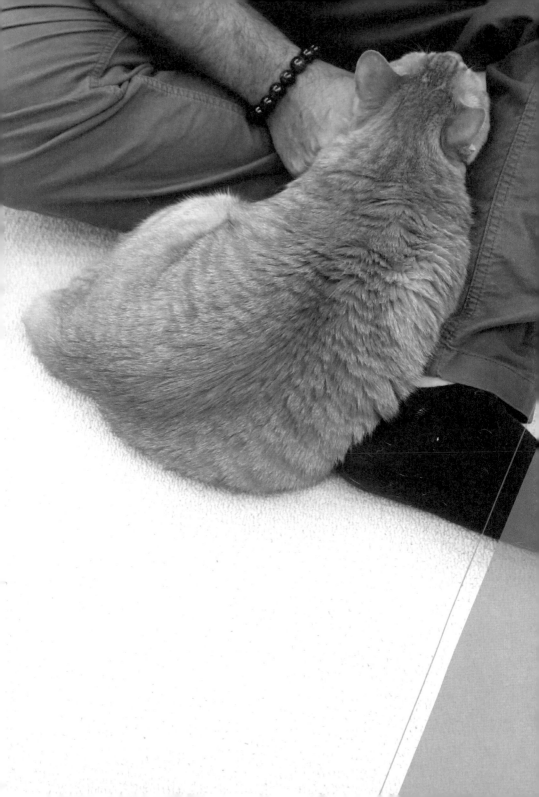

好脾氣的嚕嚕

嚕嚕不再討厭剪指甲

▼▼▼▼▼▼▼▼▼▼

許多年前，好多人對嚕嚕的印象就是：他好凶！而嚕嚕最讓人印象深刻的畫面就是，幫他剪指甲的時候，需要兩人一起協力才能完成的恐怖情景！我們當年每次幫他剪指甲的時候，真的都是那麼辛苦，所以每一次，只要想到準備要幫嚕嚕剪指甲，我就開始緊張、頭痛，因此我們都會有很多預備動作，除了替自己加油的心理建設外，還會想很多的壓制嚕嚕的方式，除了我們兩人一起合力壓制他之外，還曾經嘗試過用動物醫院用的抓貓（防貓抓）手套，那次的經驗對於嚕嚕，甚至對我自己都造成了不太好的陰影！

其實那次的當下沒有發生什麼慘烈的後果，只是在那次之後，我不停在思考著一件事：為什麼每次剪指甲，嚕嚕就會變了一隻貓呢？

從我第一次見到嚕嚕，他就一直是超親人的模樣，這是我一直以來都確定的，但因為我當年曾目睹他咬了前主人的畫面，所以一直把那個畫面記在我的內心深處，即使我知道那可能是因為很多很多原因造成的後果，但似乎還是變成了一個無法抹滅掉的陰影，一直影響了我對嚕嚕的防備心。

印象深刻的是後來有一次，有朋友來參觀後宮，剛好說到她很會幫貓咪剪指甲，聽到我們都需要壓制才能幫嚕嚕完成剪指甲，她便自告奮勇想試試看用輕鬆一點的方式來剪。

一開始她將嚕嚕抱在懷裡，一邊細聲哄著嚕嚕，嚕嚕一開始非常驚恐，我還心想：「看吧，嚕嚕真的不能那麼輕鬆剪指甲的！」沒想到過沒多久，在她的溫柔安撫之下，嚕嚕僵硬的身體好像漸漸不再那樣用力了，雖然還是害怕著，雖然還是試圖想要咬人、抓人，但其實嚕嚕咬得很輕很輕，也不是真的要致人於死地的那種伸爪！第一次從另一個視角看著嚕嚕被剪指甲的神情，我才發現，他的害怕多於生氣，他的不安是多麼需要被撫平的，於是，那天我親眼見證了，嚕嚕其實不需要被壓制，不用經歷痛苦，就能安然在人類懷裡完成剪指甲的整個過程！

我永遠記得那一天，我的心情是多麼沉重又興奮。沉重的是，我自責自己為什麼以前要那樣讓嚕嚕在那麼難受的狀態下剪指甲，導致我們彼此的陰影都越來越深；但興奮的也是，原來幫嚕嚕剪指甲不用那樣辛苦，以後我是不是也能如法炮製了呢？

於是在那之後，我試著放下自己的不安，試著更溫柔的去面對這個神聖的任務，一開始還是很害怕，嚕嚕也有點害怕緊張，但沒過幾次，嚕嚕剪指甲時就已經變成了現在這個完全無害的模樣了……

後來一模一樣的方式，我也套用在了浣腸的身上，沒想到也是完全成功，於是，浣腸現在剪指甲的難度也變成如嚕嚕一樣，可以說是毫無難度可言了！

懶惰的三腳
茶來伸手飯來張口的小公主

▼▼▼▼▼▼▼▼▼▼▼▼▼

後宮貓咪從最初的一代後宮到了現在，個性上改變最大的，應該算是三腳！想當初剛入宮的她，真的是脾氣有夠暴躁，看誰都不順眼，整天都可以聽到她胡亂罵貓的瘋狂喊叫聲；但直到近幾年來，簡直像是換了個靈魂似的，對其他貓的性情大變，變得異常溫柔不說，就連偶爾要發表意見，也總是輕聲細語。

在之前的著作裡曾提過，可能一方面可能是因為她越來越習慣後宮的大家，進而減少敵意之外，另一方面也因為年紀大了身體也較虛弱，導致比較沒有精神去跟貓吵架了！

▶ 走在路上就會看到昏睡的三腳。

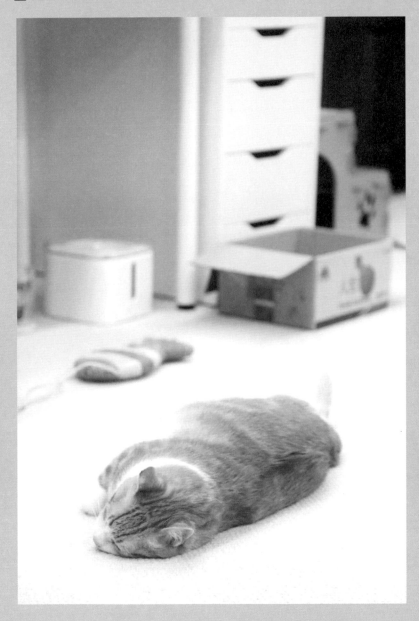

不過自從前幾年，三腳的口炎奇蹟性康復之後，就開始也伴隨著不太穩定的血糖起伏，讓她的身體狀況格外令人擔心。

還好這一切目前都在我們與醫生的定期追蹤下，獲得一定程度的控制，雖然目前胰島素還沒辦法能完全停藥，但血糖能夠被穩定控制住，才是最重要的課題。而因為先前口炎的康復，也讓三腳的體重直線上升，也因為如此，讓我們必須更嚴格監控她的體重。

控制體重除了控制食量之外，就是要多動。其實三腳現在吃得不算太多，
但可能是代謝變差了，變成了超級容易吸收熱量的體質，此外，現在的她
還變得更懶了，以前本來就因為少了一隻手，而有點懶惰，現在似乎是更
懶得動，有時甚至是連喝水都懶得移動，需要有人把水盆放到她面前，她
才肯喝！

但還好，我們都會一直在三腳的身邊，只要她累了，我們就為她服務，幫她拿水到臉前給她喝，幫她把飯遞到床上讓她享用，常常幫她摸摸、捏捏、按按摩，讓她撒嬌。我相信用我們的無微不至，能夠彌補她自身不足的缺陷，如今她也才能如此安穩，用燦爛笑臉迎接每一天！

有新床墊！

哼～朕沒事啦！

阿瑪的關節退化

全室鋪地墊改造

一直以來，阿瑪的身體狀況，除了體重稍微過重之外，其餘並沒有什麼大礙，每年例行的健康檢查，也都是持續擁有十分漂亮的數據。

不過前陣子我們突然發現，阿瑪走路好像有點不對勁，會時不時有一跛一跛的現象，不過倒不是太嚴重，算是不仔細看不會發現的程度，但為了保險起見，我們還是帶他去醫院做了檢查。

檢查的結果沒有什麼問題，醫生說是關節退化的現象，屬於一種自然的退化症狀，當聽到醫生說是退化的瞬間，心裡突然酸了一下！「啊！阿瑪果然也到了老了的階段了啊！」我們不約而同在心裡冒出了類似的聲音，不過，雖然心裡難過，這仍然是必須面對的現實。

除了可以吃關節保健品作為保養，醫生也建議可以讓阿瑪避免需要常常有跳高的機會，更建議要讓他多踩在較軟、較有緩衝功能的地墊上，對他的關節負擔可能會小很多。於是我們決定把臥室裡的上下鋪換掉，改成單層的床墊，並且客製化將床架的腳縮到最短，讓阿瑪不需要跳高就能輕易抵達床上。

▶ 全室都舖了寵物地墊了！

此外，我們還馬上找了適合的地墊，並且在後宮的全室都鋪滿了同樣的軟地墊，
至少要確保阿瑪平常會經過的行徑路線，都要盡量改成這樣的柔軟材質。

除了地墊之外，我們還添購了許多能組合成不同高度的瑜伽磚，這也可以有助
於他們垂直的上下移動，而且隨著後宮眾貓都漸漸邁入了老年的階段，這種種
的改造，也已不再只是為了阿瑪而改，反而是全後宮的每隻貓都可以適用！

果然，地墊及床鋪的改造結束後，感覺大家腳步的負擔真的減少許多，就連我們自己踩在上面，也好像步伐輕鬆了起來！突然覺得，該不會是貓咪們在變老的同時，我們這群人類也正在變老的路上了吧！不過轉念一想，能夠跟這群貓就這樣一起慢慢變老，好像也是再幸福不過的一件事了呢！

▶ 改造前的臥室。

會有貓從上鋪往下跳，
怕久了會很傷腳。

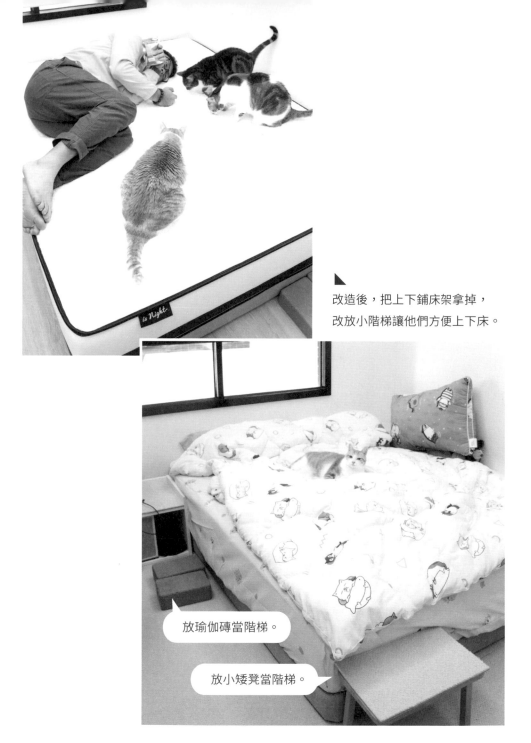

改造後，把上下鋪床架拿掉，
改放小階梯讓他們方便上下床。

放瑜伽磚當階梯。

放小矮凳當階梯。

順帶一提，最近連續兩次帶阿瑪看醫生，阿瑪竟然都暈車了，我們搬到新的後宮已經好幾年，看醫生的次數也非常多次，以前都是搭計程車，直接在一樓上車，但只有近兩次才有暈車現象，推測是因為因為我們自行開車，而車子從車庫地下五樓往上需要繞很多個圈圈，才導致阿瑪暈車。看來以後只好讓阿瑪在一樓上車了。有一次甚至還在車上大便，沾的滿身都是便便，只好回家幫他洗澡，這應該久違的洗澡，上次應該是四五年前了，洗完澡之後，雖然有幫他吹乾毛髮，但阿瑪還是瘋狂的舔毛、整理毛髮。

▶ 阿瑪濕身 ing。

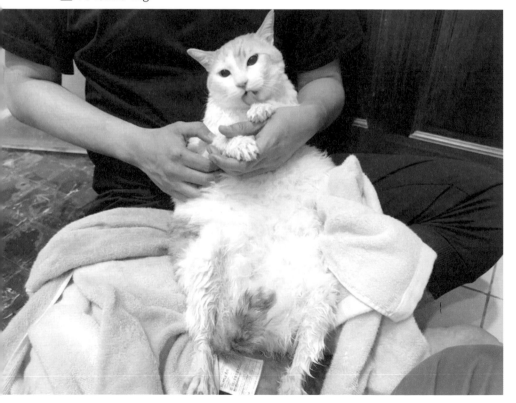

164

▶ 剛洗完澡的阿瑪，瘋狂舔毛。

真是一場噩夢。

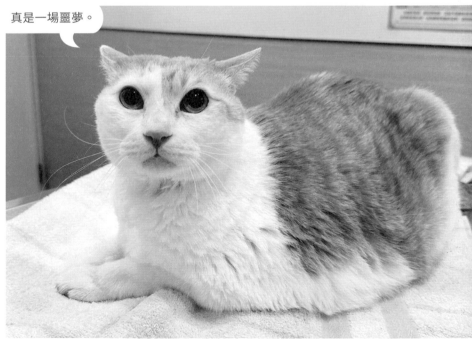

05 奴才與小幫手

妙妙妙私訊(六)

來到妙妙妙私訊的第六集啦,本章節為收錄 FB 和
IG 上網友的奇妙訊息,能回覆的訊息我們都會盡量
回覆,這個系列起源於 2017 年出版的《黃阿瑪的
後宮生活:被貓咪包圍的日子》,起初是因為每天
都幫需要的貓咪 Po 文章找家(就是送養文),所
以每天都有固定需要回覆的訊息量,但後來發現漸
漸出現了越來越多難以解釋的奇妙訊息,我們才把
這些經典訊息收錄在書裡,與大家一起分享。

每本書的每則妙私訊都會被我們編號,而這本書是
從 152 號開始,還是老樣子,希望大家抱持著愉快
的心情,不要太嚴肅看待每一字一句,準備好的話,
就翻到下一頁吧!

169

子民　對了

想問阿瑪

養貓咪真的很不容易嗎?我跟我媽媽求了好久她都不讓我養貓(因為貓咪真的好可愛...但我又怕我上了高中之後我會沒有時間陪貓咪玩

　建議長大自己住了再考慮養喔!

【152】幾乎每次妙妙妙私訊都會收到的訊息，很多人都會覺得貓咪很可愛而想養貓，但其實養貓的責任非常大哦，最重要的就是錢，養寵物就要花錢，有伙食費、貓沙費、看醫生的費用，其實加起來是一個不小的花費喔，養任何寵物都是要深思熟慮後，才能做的決定哦！

子民　為什麼???

　因為要自己賺錢養貓啊

子民　???那就省吃儉用統統給貓貓

　還要付房租

子民　對啊!!!!

我沒想到

阿瑪晚安

【153】愚人節快樂!

子民　我的理化老師說阿瑪是藍色的,但我真的覺得阿瑪是黃色的(激動

　怎麼可以懷疑理化老師呢?

170

子民　皇上做為人臣掌握兵恐有造反嫌疑所以......
臣將兵權歸還皇上原屬於臣的二十萬精銳蒙古騎兵現在就是直接聽命皇上了希望皇上可以好好利用臣從蒙古帝國帶回來最後的殘軍!

 好!先將這批軍力送至瑪營交由大將軍統整後再重新編製於各單位

【154】這是堪稱妙妙妙私訊有史以來最長篇的幻想文（？），能這麼認真的跟我們對話，實屬不易!

子民　我是什麼官啊?

 朕得仔細思量...

子民　思量...哪件事呢?

部隊管理呢?

皇上怎麼決定呢?

 朕覺得可以照你的意思來做但朕認為可以在領地的東西向或南北向分別設置兩個瑪營來管理,未來需要時,部隊的調動速度也比較快!

子民　我的方法是蒙古人管理部隊的方法 台灣本島其實不用設瑪營因為四面環海 只要南北有各有主力部隊駐守就好但是在歐亞大陸上的領士四周強敵環伺 所以可以在黑龍江流域 中國東北 蒙古西域設置瑪營以及都護府然後將我的 20 萬精銳蒙古騎兵隊以及皇上的 30 萬瑪家精銳步兵調過去駐守

171

朕再想想

子民 一個沒官職的人一直上奏跟
皇上議事很奇怪吧

朕覺得只要是對朕或是朕的子
民有益的，不論是不是有官職，
朕都願意接受進言喔～

子民 皇上考慮得如何

官職

還沒想好

朕最近很忙

子民 什麼？！

不要敷衍我啊

再給朕一點時間

子民 可是在下要回蒙古家鄉
必須有所成就才能回去啊
在下因為國家被滅亡已經被
親戚看不起了 要是在皇上這
沒有功名 會被親戚以為是被
皇上趕回來的啊

那你就回去吧

【154】非常驚人的結局，
不知道他現在回去之後過
得怎麼樣了。

子民：以前都一直非常喜歡你們的影片 但最近不知道為什麼你們出的影片都沒在看

為什麼呢？

子民：可能膩了

好吧！等不膩再回來

【155】希望大家幾年後，都還能記得我們！如果沒有，那祝福你！一定是生活過得很美好吧！

子民：叩叩叩~阿瑪在嗎？

不在

【156】不要隨意找朕叩叩。

子民：嗨嗨，請問你們真的有授權給這間嗎？

有的喔！

子民：幹
感謝

幹嘛罵朕

【157】大家打字要小心，不要不小心就口出惡哦～

子民：是該死的選字啦！

請阿瑪不要生氣

173

子民　嗨狸貓想請問這位是你嗎？

 來，過來合照

【158】其實這位不是狸貓，但長得像狸貓的人太多了，所以你跟他合照應該也滿像跟狸貓合照的。

子民　快來抓我

　　　來抓我啊

 沒關係你走吧！

【159】再見哦～慢走！

子民　回我!!!!

　　　嗚嗚我要哭了你都不理我

 人要學會堅強！

【160】回你了！而且還把你收錄到妙妙妙私訊！

子民 阿瑪最近過得好嗎？

為什麼小花沒有回我

 因為這邊都是柚子在回

【161】其實這邊大家都會輪流回，有小花、柚子、阿瑪、嚕嚕……

子民 有人嗎~

沒有人理我…

Ig也沒有人理我…

可憐哪～

 ??

子民 欸？有人餒~

 對啊，怎麼了？

子民 沒事

【162】不知道他到底想幹嘛？

子民 Hi狸貓 我是浣腸粉 剛剛上商行 想買東西 但是發現浣腸很多的都 是不開心的樣子 會可以出多一些 浣腸開心的樣子的產品嗎？

 他就是很容易看起來不開心……

【163】浣腸……天生就是 衰衰眼，他笑起來衰衰、 生氣也衰衰，敬請見諒！

子民　你好

接我電話

回我

請問一下有奶貓嗎？

 只有狸貓

+ ☎ ⚙ ✕

【164】我們這裡沒有奶貓！只有狸貓、肥貓、黑貓、虎斑貓、橘貓⋯⋯

子民　阿瑪～

招弟～

三腳～

Soso～柚子～

拜託誰來回一下

 嗨我是誰

+ ☎ ⚙ ✕

【165】喊破喉嚨也不會有人來救你的！破喉嚨：我來了！

子民　朕...我到底做錯了什麼!?

子民　什麼事情可以嚴重到讓你已讀不回

 因為你用錯「朕」的用法

+ ☎ ⚙ ✕

【166】朕是古代皇上自稱用的詞句，任何人都不能自稱朕哦！除非你是皇上。

176

子民　我今天帶手機上學(偷帶的

　這樣好嗎？

子民　國小都是 4點放學

　　　但因要比賽所以比較晚放學

　　　你最好是在8點回我

　　　我比較會看

　好

子民　你是裴奕凡的誰呢？

　秘

子民　那我開學的時候問他

　　　所以你認是裴奕凡嗎？

　你猜猜

子民　認是

　不認是

志銘想說

截稿的這幾天，正好遇到了嚕嚕和自己的生日，一轉眼，幾年前我們所稱的「後宮的老貓組」，如今都已經是 16 歲的老老貓了，而當年那幾位相較之下較年輕的貓咪們，如今也都早就踏入「老貓組」的行列了！

最近有時候我會喜歡輕輕摸著嚕嚕的手，一開始他有點驚嚇，或是說有點害羞，第一時間會想要收回，但經過了幾次之後，他好像漸漸能習慣了我的碰觸了，不知道這算不算心靈感應的一種，但我覺得在某些瞬間，他好像能感覺到我的想法，甚至是情感，或許這就是一種貓咪療癒的能力吧！希望大家都能有機會感受到如此幸福的感受，看完書的同時，如果你也有隻貓在身邊，不妨也摸摸他，抱抱他，試著傳遞你想說的話，說不定他會直接告訴你晚餐他想吃哪一牌的罐罐喔！（聽起來好像有點可怕⋯⋯）

狸貓想說

每一年到這個時候，就會覺得時光飛逝，一年又過了啊！阿瑪的書至今是第八本了（不包含漫畫書），真的非常謝謝你收看這本書，謝謝你聽我們分享與貓咪生活的大小事，不知道收看這本書的你，是從阿瑪幾歲的時候開始認識他的呢？阿瑪今年剛過 16 歲生日，也即將在 2024 年初滿 17 歲，真的已經不能說他是年輕貓了，是一個大部分人聽到都會說「哇好老哦！」，是一個需要好好陪伴他、珍惜他的年紀了。

每次寫結語的心情都很感謝，很感謝每一位收看阿瑪頻道影片的觀眾、閱讀阿瑪相關書籍的你、關注阿瑪生活小事的你，好多年過去了，你們都還在這裡，阿瑪和後宮們也都受到你們的祝福了吧，都健健康康的生活著，即使遇到病痛，也都能夠再次復原、活蹦亂跳！真的謝謝你們！

黃阿瑪的後宮生活

Fumeancats

黃阿瑪的後宮生活 8【最珍惜的時光】

作　　者／黃阿瑪；志銘與狸貓	總 編 輯／賈俊國
攝　　影／志銘與狸貓	副總編輯／蘇士尹
封面設計／米花映像	編　　輯／黃欣
內頁設計／米花映像	行銷企畫／張莉滎・蕭羽猜

發 行 人／何飛鵬　　　法律顧問／元禾法律事務所・王子文律師
出　　版／布克文化出版事業部
　　　　　台北市中山區民生東路二段 141 號 8 樓
　　　　　電話：(02)2500-7008　傳真：(02)2502-7676
　　　　　Email：sbooker.service@cite.com.tw
發　　行／英屬蓋曼群島商家庭傳媒股份有限公司城邦分公司
　　　　　台北市中山區民生東路二段 141 號 2 樓
　　　　　書蟲客服服務專線：(02)2500-7718；2500-7719
　　　　　24 小時傳真專線：(02)2500-1990；2500-1991
　　　　　劃撥帳號：19863813；戶名：書蟲股份有限公司
　　　　　讀者服務信箱：service@readingclub.com.tw

香港發行所／城邦（香港）出版集團有限公司
　　　　　香港灣仔駱克道 193 號東超商業中心 1 樓
　　　　　電話：+852-2508-6231　　傳真：+852-2578-9337
　　　　　Email：hkcite@biznetvigator.com
馬新發行所／城邦（馬新）出版集團 Cité (M) Sdn. Bhd.
　　　　　41, Jalan Radin Anum, Bandar Baru Sri Petaling,
　　　　　57000 Kuala Lumpur, Malaysia
　　　　　電話：+603- 9057-8822　　傳真：+603- 9057-6622
　　　　　Email：cite@cite.com.my

印　　刷／卡樂彩色製版印刷有限公司
初　　版／2023 年 09 月
售　　價／350 元

城邦讀書花園　布克文化
www.cite.com.tw　WWW.SBOOKER.COM.TW